Gökkuşağının Gizemi

Jennifer Dussling
Resimleyen: **Barry Gott**

Çeviri: **Emine Geçgil**

TÜBİTAK
POPÜLER BİLİM KİTAPLARI

TÜBİTAK Popüler Bilim Kitapları 965

Bilim Bunu Çözer - Gökkuşağının Gizemi
Science Solves It - The Rainbow Mystery
Jennifer Dussling
Resimleyen: Barry Gott
İngilizce Metnin Bilimsel Danışmanı: Marc Feldman, PhD
Tasarım: Edward Miller

Çeviri: Emine Geçgil
Redaksiyon: Nihal Demirkol Azak
Tashih: Simge Konu Ünsal

TÜBİTAK Popüler Bilim Kitapları'nın seçimi ve değerlendirilmesi
TÜBİTAK Kitaplar Yayın Danışma Kurulu tarafından yapılmaktadır.

ISBN 978 - 605 - 312 - 244 - 9

Yayıncı Sertifika No: 15368

1. Basım Eylül 2019 (20.000 adet)

Genel Yayın Yönetmeni: Bekir Çengelci
Mali Koordinatör: Adem Polat
Telif İşleri Sorumlusu: Dr. Zeynep Çanakcı

Yayıma Hazırlayan: Özlem Köroğlu
Sayfa Düzeni: Elnârâ Ahmetzâde
Basım İzleme: Duran Akca

TÜBİTAK
Kitaplar Müdürlüğü
Akay Caddesi No: 6 Bakanlıklar Ankara
Tel: (312) 298 96 51 Faks: (312) 428 32 40
e-posta: kitap@tubitak.gov.tr
esatis.tubitak.gov.tr

Korza Yayıncılık Basım San. ve Tic. A. Ş.
Yenice Mah. Çubuk Yolu Üzeri No: 3 Esenboğa Çubuk Ankara
Tel: (312) 342 22 08 Faks: (312) 341 14 27 Sertifika No: 40961

Bir dedektif olmayı istediniz mi hiç? Kolay bir iş değil, biliyorum. Bir keresinde bir gizemi çözmeye çalışmıştım. Gökkuşağının gizemini.

Arkadaşım Mehmet ile evimizin salonundaydık. Mehmet pek fazla konuşmaz. Hatta annem, Mehmet'i bu nedenle sevdiğimi düşünür. Ben çok gürültücüyümdür. Mehmet ise sessizdir. Ben konuşurum, o ise dinler.

Büyük bir kutudan kale yapıyorduk. Mehmet kutuyu
yandaki evin yakınlarında bulmuştu. Bir pencere kesmeye
çalışıyordu. Ben de ona nasıl yapacağını anlatıyordum.
İşte o anda gördüm onları... Yüzlerce küçük gökkuşağı!
"Mehmet, şuraya bak!" diye bağırdım.

Mehmet gösterdiğim yere baktı. Az kalsın düşüyordu. Küçük gökkuşakları duvarda dans ediyordu sanki. "Vaay!" diyebildi sadece.

Gökkuşaklarını izledik bir süre. Önce soluklaştılar, sonra da gözden kayboldular. Hemen dışarı koştuk.

"Yağmur yağmamış!" dedi Mehmet. Ne demek istediğini anlamıştım. Herkes yağmur yağdığında gökkuşağının çıktığını bilir. Ama gerçekten de yağmur yağmıyordu.

Bir gökkuşağı yağmur yağmadan nasıl oluşabiliyordu?

Düşünmeye başladım. "Bir keresinde, bir yağ birikintisinin içinde gökkuşağının oluştuğunu görmüştüm," dedim. "O zaman da yağmur yağmıyordu." Birbirimize baktık. Etrafta yağ da yoktu.

"Geçen yaz, bir fıskiyede de gökkuşağı görmüştüm," dedim. Yakınlarda bir fıskiye mi vardı acaba? Hayır.

Sonra gökkuşağı gördüğüm başka bir zamanı hatırladım. Arkadaşım Büşra'nın taşlı bir kolyesi vardı. Işık çarptığında gökkuşağı oluşuyordu.

Etrafıma bakmakla uğraşmadım bile. Çünkü ortalıkta taşlı bir kolyenin olmadığını biliyordum.

Mehmet ile birlikte merdivene oturduk. Vakit geç olmuştu. Güneş batmak üzereydi.

"Seninle dedektif gibi olmalıyız! Ve bu gizemi çözmeliyiz!" dedim.

Mehmet başını salladı.

Mehmet ertesi gün erkenden geldi. Yaptığımız kalede heykel gibi hiç kıpırdamadan oturduk. Bekledik, bekledik. Hiç gökkuşağı çıkmadı.

Sonraki gün, Mehmet öğle yemeği için bize geldi. Yine kalede oturup bekledik. Hâlâ gökkuşağı yoktu.

Pazartesi günü hava yağmurluydu.
Mehmet, küçük gökkuşaklarını
yeniden göreceğimizden emindi.
Ama gökkuşakları ortaya çıkmadı.

Salı günü Büşra okula taşlı kolyesini takarak gelmişti. Kolyenin bir faydası olacağını düşünmüyordum ama başka bir ipucum da yoktu.

"Sen gökkuşağını çıkarabilir misin?" diye sordum ona.

"Deneyebilirim," dedi Büşra.

Pencerenin önünde durarak kolyesini ışığa doğru tuttu.

"Bak!" diye bağırdım.

Gün ortası

Gün doğumu

Gün batımı

Tam o sırada öğretmenimiz geldi. Gerçekten iyi biriydi. Gökkuşağını ona da gösterdim.

"Muhteşem!" dedi öğretmenimiz. Diğer çocukları da yanımıza çağırdı. "Büşra'nın kolyesi tıpkı bir prizma gibi," dedi hepimize. "Prizma berrak cam veya plastikten kesilmiş özel bir parçadır. Işığı yedi gökkuşağı rengine ayırır."

Bir prizma! Belki de evimizin duvarındaki gökkuşaklarının oluşmasını sağlayan da bir prizmadır! Öğretmenimiz prizma hakkında başka hiçbir şey söylemedi. Ama bize gökkuşağı ile ilgili birçok şey anlattı. Hepsini not ettim.

Okuldan sonra Mehmet'e kolyeden bahsettim. "Bu bir ipucu!" dedim. "Ama prizmalar hakkında yeterli bilgim yok," Mehmet başını salladı. Gözlerine baktığımda ne söyleyeceğini anlamıştım.

"Hadi kütüphaneye!" dedi.

Böylece kütüphanenin yolunu tuttuk. Gökkuşağı ve prizmalar hakkında bir sürü kitap bulduk.

Kütüphaneci yeniydi. Bana gülümseyerek bilgisayar ekranına baktı. "Biliyor musun?" dedi. "Biz komşuyuz! Ben Ayla. Evinizin hemen yanındaki evi satın aldım. Daha geçen hafta taşındım."

İyi birine benziyordu. "Adım Emel. Bu da arkadaşım Mehmet," dedim. Mehmet kolumdan çekiştiriyordu. Bu "Acele et!" demekti. Bir an önce gizem üzerinde çalışmaya başlamak istiyordu.

"Beni arada ziyaret edebilirsin," dedi Ayla Hanım.

"Tamam," dedim.

Elimde kalın bir kitapla koltuğa atladım. Yüksek sesle okumaya başladım. "Gökkuşağı, gökyüzündeki yağmur damlalarının Güneş ışığını kırmasıyla oluşur. Prizma da Güneş ışığını kırar."

Mehmet hiçbir şey söylemedi. Sanki nefesi kesilmişti.

Çünkü gökkuşakları yine çıkmıştı!

Yerimden kalktım ve onlara dokundum!
Parmaklarımın üstünde bile görebiliyordum onları.
Gökkuşağının yedi rengi de oradaydı: kırmızı,
turuncu, sarı, yeşil, mavi, lacivert ve mor.

Sonra aklıma bir şey geldi. "Saat kaç?" diye sordum Mehmet'e.

Saatine baktı. "Saat beş."

"Evet! Geçen seferkiyle aynı saatte!" dedim. "Gökkuşaklarını sabah ya da öğle saatlerinde hiç görmedik. Sadece akşamüstü, okuldan sonra gördük!"

Mehmet başını salladı. "Güneş'ten dolayı," dedi.

"Evet," dedim. Okuldaki o afişi hatırladım. "Bu durum Güneş'in nerede olduğuyla ilgili olmalı."

Aynı anda pencereye yönelerek dışarı baktık.
"Peki, nerede o zaman?" diye sordu Mehmet.
"Bilmiyorum," dedim. "Hadi dışarı çıkıp bakalım!"

Hızla dışarı koştuk. Güneş'i evin salonundan göremediğimize şaşırmamalı. Çünkü Güneş yandaki evin arkasındaydı.

"Bu gizemin cevabı yandaki evde," dedim.

Mehmet beni onaylarcasına başını salladı.

Ertesi gün saat tam 16:30'da Ayla Hanım'ın zilini çaldık.

"Emel! Mehmet!" dedi Ayla Hanım heyecanla. "Beni ziyarete mi geldiniz! Hadi, girin içeri."

Arkasından içeri girdik. O anda kendime engel olamadım ve aklımdaki soruyu soruverdim. "Ayla Hanım, evinizde bir prizma var mı acaba?"

Ayla Hanım şaşırdı. "Prizma mı? Hayır, sanmıyorum."

Bunu duyduğuma çok üzülmüştüm ama vazgeçmedim.
Belki de Ayla Hanım'ın bir prizması vardı ve o bunun
farkında değildi. Bize limonata ve kurabiye ikram etti.
Sonra da bize evini gezdirmeyi teklif etti.
   "Evet!" dedik Mehmet'le aynı anda.

Ayla Hanım bize yemek odasını gösterdi. Burada hiç prizma yoktu.

Ardından oturma odasına girdik. Hâlâ görünürde bir prizma yoktu.

Merdivenlerden ikinci kata çıktık. Cevap burada olmalıydı!

"Burası müzik odası," dedi Ayla Hanım. Kapıyı açtı.
"En sevdiğim eşya da işte bu avize. Yeni aldım."

Avizenin ne olduğuna dair en ufak bir fikrim yoktu.
Şu tavandaki süslü şey miydi acaba? Ama önemsemedim.
Sonuçta her yerde prizma aramakla meşguldüm. Yerde,
dolabın içinde, duvarlarda... Sonra Mehmet birden
kolumdan tuttu.

Güneş bulutların arasından çıkmıştı. Güneş
ışığı odayı doldurdu. Işık cam avizeye çarptığında,
gökkuşakları pencerenin yanındaki duvarda dans
etmeye başladı. Tam da bizim evin salonundaki gibi!

Pencereye koştum. Evet! Evimizin içini görebiliyordum.
Duvardaki gökkuşaklarını da görebiliyordum!!
İlk defa söyleyecek bir şey bulamadım.
Ama Mehmet konuştu.

"Cam avize bir grup prizma görevi görüyor," diye bağırdı.
Ona bakakaldım. Bu onun kurduğu en uzun cümleydi.
"Ne demek istiyorsun?" diye sordu Ayla Hanım.

Ayla Hanım'a tüm hikâyeyi anlattım. Gökkuşakları, Büşra'nın kolyesi ve kütüphanedeki kitaplarda yazanlar. Hatta ona Mehmet'in dışarıda bulduğu büyük kutudan nasıl kale yaptığımızı bile anlattım.

"Büyük kutu mu?" diye sordu Ayla Hanım. "Benim evimin yakınında mı buldunuz?"

"Evet," dedim.

"İşte avize o büyük kutunun içinde gelmişti!" dedi.

Ben Mehmet'e baktım, Mehmet da bana... Evet kutu!
Bunca zamandır en büyük ipucu benim evimdeymiş!
Ne iyi detektiflerdik ama!

Sonuçlar çıkarabilirim!

Ben de!

BİLİM İNSANI GİBİ DÜŞÜNÜN

Mehmet ve Emel bir bilim insanı gibi düşünüyor ve bunu siz de yapabilirsiniz! Bilim insanları dedektif gibidir. Araştırırlar. İpuçları arar ve sonuçlar çıkarırlar. Bir araştırma sonucu öğrendiklerinize sonuç denir.

Anımsayın

29. sayfada Mehmet, Emel'in şimdiye kadar duyduğu en uzun cümleyi kuruyor: "Cam avize bir prizma görevi görüyor!" Mehmet'in cümlesi aynı zamanda bir sonuç: Mehmet bu sonucu nasıl çıkardı? Ne tür ipuçları kullandı?

Deneyin

Kendi gökkuşağınızı yapabilirsiniz! Gerekli malzemeler:

  • Yarısı su ile dolu şeffaf plastik bardak

  • El feneri

  • Beyaz kâğıt

İçi su dolu bardağı üçte biri masanın dışında kalacak şekilde dikkatlice yerleştirin. El feneriyle bardağın alt kısmından ışığı yansıtırken, diğer elinizle beyaz kâğıdı bardağın arkasında tutun. Ne görüyorsunuz? Ne tür sonuçlar çıkarabilirsiniz?

Cevaplar:
Kâğıtta küçük gökkuşakları! Bardaktaki su prizma görevi görüyor ve el fenerinden yansıyan ışığı gökkuşağının renklerine ayırıyor.